"十三五"国家重点图书出版规划项目
2018年度国家出版基金项目

全景看·国之重器
北斗导航

超 侠 著/ 庞之浩 主编/ 张 杰 总主编

北方联合出版传媒（集团）股份有限公司
辽宁少年儿童出版社
沈 阳

图书在版编目（CIP）数据

北斗导航/ 超侠著 ; 庞之浩主编. -- 沈阳 : 辽宁少年儿童出版社, 2020.6（2023.3重印）
（AR全景看·国之重器/张杰总主编）
ISBN 978-7-5315-8406-3

Ⅰ. ①北… Ⅱ. ①超… ②庞… Ⅲ. ①卫星导航—全球定位系统—中国—少年读物 Ⅳ. ①P228.4-49

中国版本图书馆CIP数据核字（2020）第085775号

北斗导航
Beidoudaohang
超　侠 著　庞之浩 主编　张　杰 总主编
出版发行：北方联合出版传媒（集团）股份有限公司
辽宁少年儿童出版社
出 版 人：胡运江
地　　址：沈阳市和平区十一纬路25号
邮　　编：110003
发行部电话：024-23284265　23284261
总编室电话：024-23284269
E-mail:lnsecbs@163.com
http://www.lnse.com
承 印 厂：辽宁新华印务有限公司

策　　划：张国际　许苏葵
责任编辑：胡运江　董全正
责任校对：李　婉
封面设计：精一·绘阅坊
版式设计：精一·绘阅坊
插图绘制：精一·绘阅坊
责任印制：吕国刚

幅面尺寸：210mm×284mm
印　　张：3　　字数：60千字
插　　页：4
出版时间：2020年6月第1版
印刷时间：2023年3月第2次印刷
标准书号：ISBN 978-7-5315-8406-3
定　　价：58.00元

AR使用说明

1 设备说明

本软件支持Android4.2及以上版本，iOS9.0及以上版本，且内存（RAM）容量为2GB或以上的设备。

2 安装App

①安卓用户可使用手机扫描封底下方“AR安卓版”二维码，下载并安装App。

②苹果用户可使用手机扫描封底下方“AR iOS版”二维码，或在App Store中搜索“AR全景看·国之重器”，下载并安装App。

3 操作说明

请先打开App，请将手机镜头对准带有AR图标的页面（P18），使整张页面完整呈现在扫描界面内，即可立即呈现。

4 注意事项

①点击下载的应用，第一次打开时，请允许手机访问“AR全景看·国之重器”。

②请在光线充足的地方使用手机扫描本产品，同时也要注意防止所扫描的页面因强光照射导致反光，从而影响扫描效果。

主编简介

总主编

张杰：中国科学院院士，中国共产党第十八届中央委员会候补委员，曾任上海交通大学校长、中国科学院副院长与党组成员兼中国科学院大学党委书记。主要从事强场物理、X射线激光和“快点火”激光核聚变等方面的研究。曾获第三世界科学院（TWAS）物理奖、中国科学院创新成就奖、国家自然科学二等奖、香港何梁何利基金科学技术进步奖、世界华人物理学会“亚洲成就奖”、中国青年科学家奖、香港“求是”杰出青年学者奖、国家杰出青年科学基金、中科院百人计划优秀奖、中科院科技进步奖、国防科工委科技进步奖、中国物理学会饶毓泰物理奖、中国光学学会王大珩光学奖等，并在教育科学与管理等方面卓有建树，同时极为关注与关心少年儿童的科学知识普及与科学精神培育。

分册主编

刘洪：上海交通大学航空航天学院教授、博士生导师，主要研究方向为高超声速空气动力学理论研究、飞行器设计和飞行器多学科综合优化设计方法研究等。专著有《大飞机出版工程·民用飞机总体设计》，译著有《大飞机出版工程·飞机推进》《大飞机出版工程·航空发展的历程与真相》等。

张星臣：博士，北京交通大学交通运输学院二级教授、博士生导师，交通运输工程一级学科责任教授，北京交通大学高等工程教育研究中心主任，教育部高等学校教学评估委员会委员，教育部高等学校交通运输类专业教学指导委员会主任，中国工程教育专业认证委员会交通运输专委会主任。主要研究方向为铁路运输组织优化、城市轨道交通运营管理、高速铁路运输能力、现代综合交通体系等，主持完成国家自然科学基金项目、国家级863项目和省部级项目50多项，公开发表论文百余篇，出版《城市轨道交通运营管理》等著作多部，获国家级教学成果一等奖1项、二等奖2项，北京市教学成果特等奖1项、一等奖多项。

庞之浩：航天五院512所神舟传媒公司首席科学传播顾问，全国空间探测专业委员会首席科学传播专家，北京科普创作协会副理事长，中国科普作家协会常务理事，《太空探索》《知识就是力量》《中国国家天文》《科普创作》杂志编委，北京市海淀区少年科学院地球与空间领域学科专家。独自创作的《太空新兵》《航天·开发第四生存空间》分获科技部2013年、2014年全国优秀科普作品奖。参与创作的《梦圆天路》获2015年国家科技进步二等奖。还出版了《天宫明珠》《宇宙城堡》《登天巴士》《太空之舟》《探访宇宙》等书。撰写的《国外载人航天发展研究》情报研究报告获国防科工委科技进步三等奖。担任执行主编的《国际太空》杂志获国防科技信息三等奖。

赵冠远：博士，北京交通大学土木建筑工程学院副教授、研究生导师，主要研究方向为桥梁工程、结构抗震等。近年来主持包括国家自然科学基金项目等在内的科研项目10余项，在国内外刊物上发表高水平论文20多篇。

贾超为：黄埔军校同学会二级巡视员，国际战略问题和台湾问题专家。对世界航母发展有较深的研究，发表有《中国的百年航母梦》《世界航母俱乐部大盘点》等多篇专业论文，参与完成《不能忘却的伟大胜利》等多部电视专题片，出版专著《日台关系的历史和现状》。

序

我国科技正处于快速发展阶段，新的成果不断涌现，其中许多都是自主创新且居于世界领先地位，中国制造已成为我们国家引以为傲的名片。本套丛书聚焦“中国制造”，以精心挑选的六个极具代表性的新兴领域为主题，并由多位专家教授撰写，配有500余幅精美彩图，为小读者呈现一场现代高科技成果的饕餮盛宴。

丛书共六册，分别为《航空母舰》《桥梁》《高铁》《C919大飞机》《北斗导航》以及《人造卫星》，每一册书的内容均由四部分组成：原理部分、历史发展、应用剖析和未来展望，让小读者全方位地了解“中国制造”，认识到国家日益强大，增强民族自信心和自豪感。

丛书还借助了高科技的AR（增强现实）技术，将复杂的科学原理变成一个个生动、有趣、直观的小游戏，让科学原理活起来动起来。通过阅读和体验的方式，引导小朋友走进科学的大门。

孩子是国家的未来和希望，学好科技用好科技，不仅影响个人发展，更会影响一个国家的未来。希望这套丛书能给小读者呈现一个绚丽多彩的科技世界，让小读者遨游其中，爱上科学研究。我们非常幸运地生活在这个伟大的新时代，衷心希望小读者在民族复兴的伟大历程中筑路前行，成为有梦想、有担当的科学家。

中国科学院院士

目录

第一章 | 太空中的卫星导航系统

在没有卫星导航的年代，要定位一个人或者一架飞机的实时位置几乎是不可能的。20世纪70年代，美国开始发射GPS导航卫星，并在1994年完成24颗卫星组网，用来全球定位。时至今日，美国、俄罗斯、中国、欧盟都有了自己的卫星导航系统。

第一节
什么是卫星导航系统

卫星导航系统是采用导航卫星对地面、海洋、空中和空间用户进行导航定位的系统。它除了在军事上的运用外，更多的是用在航空、航海、通信、测绘、汽车导航等方面。

1 卫星导航系统的组成

卫星导航系统主要由三大部分组成，即空间部分、地面台站、用户设备。

空间部分

卫星导航系统的空间部分，是由多颗导航卫星构成的空间导航网。

地面台站

地面台站主要包括跟踪站、遥测站、计算中心、注入站等。跟踪站用来跟踪和测量卫星的坐标位置。遥测站用来接收卫星发来的数据，供地面监视和分析。计算中心根据这些信息来计算卫星的轨道，预报未来时段的轨道参数，把需要传输给卫星的信息发给注入站，由注入站发送给卫星。

用户设备

用户设备通常由接收机、定时器、数据预处理器、计算机、显示器等组成。用户设备有船载、机载、车载及单人背负等多种形式。我们平时用的手机就属于单人手持式的，有接收、分析、显示等功能。用户设备接收卫星发来的信号，将信号解调并翻译出卫星轨道参数和定时信息，同时将导航的距离、距离差、变化率等测定出来，由计算机计算出用户的位置坐标以及移动的速度矢量分量，这样就能得出精确的位置数据了。

2 全球四大卫星导航系统

美国全球定位系统（GPS）

美国于20世纪70年代开始研究和建设，1994年实现了24颗轨道卫星在6个轨道面上运行，使得地球上任何地点、时刻都能三维定位、测速、授时。2014年后，已经有30颗轨道卫星环绕地球，定位精度进一步提高。

俄罗斯格洛纳斯卫星导航系统

原本由苏联在1976年开始建设，后来由俄罗斯续建。1995年，建成了由24颗卫星组成的卫星星座，实现了全球覆盖。2011年，整个系统的轨道卫星达到了31颗。

中国北斗卫星导航系统

北斗卫星导航系统

BeiDou(COMPASS)Navigation Satellite System

我国北斗卫星导航系统自1994年开始建设，先后分三个阶段，至2020年全部完成。到目前为止，一共发射北斗一号、二号、三号导航卫星55颗，建成采用无源与有源导航方式相结合的全球卫星导航系统，其定位精度为2.5~5米，每次短信字数为1000字。同时，它还增加了卫星搜救功能和全球位置报告功能，使我国成为世界上第三个拥有全球卫星导航系统的国家。

欧盟伽利略卫星导航系统

GALILEO

2002年由欧盟开始建设，2005年发射第一颗试验卫星，截至2016年12月，已经发射了18颗工作卫星，并投入使用。在2020年年底以前，将再发射12颗卫星，形成30颗卫星组成的卫星星座。该系统主要供民用，向全球提供定位精度在1~2米的免费服务和1米以内的付费服务。

第二节

卫星导航系统的定位方法

卫星在向接收端发送自己的位置信息时，会附上信息发出的时间。接收端接收到信息后，计算机就会处理数据，用当前时间减去发送时间，便得出信息的传播时间，再乘以光速，就能得出与卫星之间的距离。只要能确定用户终端与四颗不共面卫星的距离，便能算出用户在三维空间的位置。

1 多普勒测速定位

用户定位设备根据从导航卫星上接收到的信号频率，与卫星上发送的信号频率之间的多普勒频移测得多普勒频移曲线，再根据这个曲线和卫星的轨道参数就可算出用户的位置。

2 时间测距导航定位

用户接收设备精确测量由系统中四颗卫星发来信号的传播时间，然后完成一组包括四个方程式的模型数学运算，就可算出用户位置的三维坐标以及用户时钟与系统时间的误差。

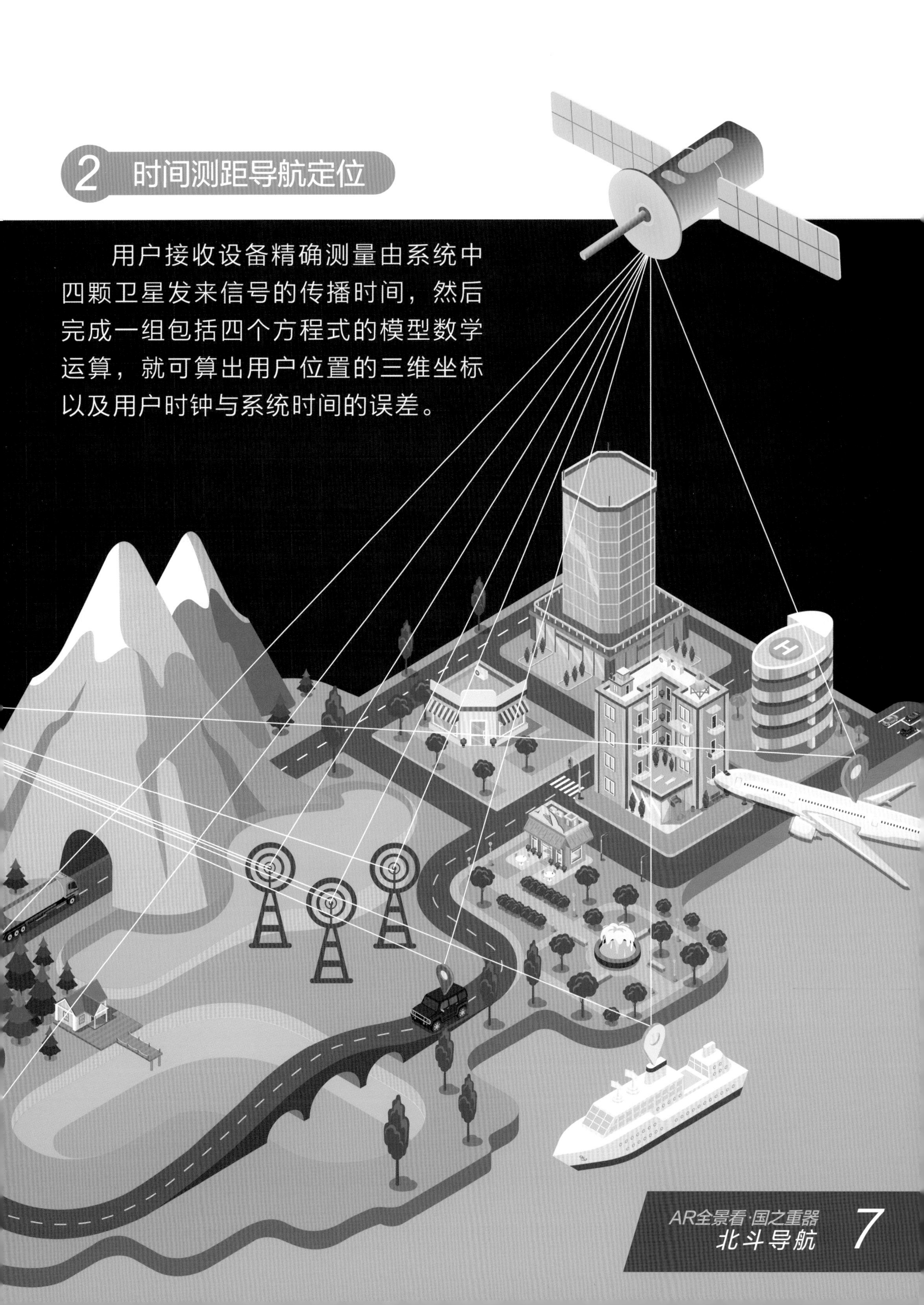

8 AR全景看·国之重器
北斗导航

第二章｜中国导航事业的发展

在古代，中国就有借助日月星辰判断海上航行方向的“牵星过洋术”；还利用北斗七星确定北方的方位；后来又发明了指南针。而后，无线电导航、雷达导航都一一实现。如今，更有了我国自主建设的卫星导航系统——北斗卫星导航系统。

在古代，人们主要通过司南、指南针、指南车、罗盘、华表、牵星板等工具和方式来进行方向的辨别。

1 古人对北极星的认识

古人发现，北部的天空中有一颗星从未改变过位置，也十分明亮，就把它称作北极星，用来辨别方向。其实北极星并非一动不动，但它正对地轴，所以自古至今，从地球上看，它的位置都没有改变。

2 指向仪器——罗盘

罗盘是古代用来探测风水的工具。由中央磁针和许多同心圆组成，每个刻度都代表着古人对某种不同信息的理解。

3 制图六体

制图六体本是中国古代最早的制图理论，后来晋代时裴秀总结了前人经验，明确六条制图原则：一为“分率”，也就是现在说的比例尺。二为“准望”，确定地貌、地物间的相互方位关系。三为“道里”，用以确定两地距离。四为“高下”，即相对高度。五为“方邪”，即地面坡度的起伏。六为“迂直”，即河流道路的曲直。

第二节

中国现代导航事业的先行者

在温启祥、林立仁、孙家栋等导航先驱的努力下，我国的现代导航事业从无到有，一步步发展起来。无线电导航、雷达导航和卫星导航在航空、航海、飞机着陆引导系统等方面一步步做到世界前列。

1 中国无线电导航奠基人——温启祥

温启祥是导航技术专家，中国无线电导航事业的主要奠基人。在他的领导下，我国的航空近程导航系统、飞机着陆引导系统、中程与远程无线电导航系统、卫星导航、组合导航、超长波大功率山谷通信天线系统等，都取得了一定的成绩和发展。

温启祥

2 中国导航事业的先驱——林立仁

林立仁是中国导航事业的先驱。1959年，中国民航首届科技成果展览会上，他主导的通信导航等技术革新科研项目，占了所有项目的一半。他研制的“特高频定向仪”改变了当时民航使用的中波导航不能长距离定向、安全系数不高的局面。他还发明了“安全58-1”型仪表着陆设备，使飞机能在复杂的天气条件下安全着陆。

林立仁

3 北斗卫星导航工程首任总设计师——孙家栋

孙家栋从事航天工作60多年，是我国人造地球卫星技术、深空探测技术等的开拓者之一，是我国北斗导航第一代和第二代工程的总设计师，也是月球探测工程的主要倡导者之一。曾担任月球探测一期工程的总设计师。他为中国突破卫星基本技术、卫星返回技术、地球静止轨道卫星发射和定点技术、导航卫星组网技术和深空探测基本技术做出了重大贡献。2019年9月29日，中共中央总书记、国家主席、中央军委主席习近平向孙家栋颁授了“共和国勋章”。

孙家栋

14
AR全景看·国之重器
北斗导航

第三章 | 追求卓越的北斗卫星导航系统

北斗卫星导航系统是中国自主研发的导航系统，相对于其他三个全球卫星导航系统，它是唯一采用了三种轨道搭配的卫星星座，因而既能覆盖全球，又可为亚太地区提供更高精度的导航定位。同时也在交通运输、海洋渔业、水文监测、地理测绘、抢险救灾等领域发挥着不可替代的作用。

第一节

群星璀璨

北斗卫星导航系统是继GPS、格洛纳斯之后的第三个成熟的卫星导航系统。其建成分三步：第一步，建设北斗一号系统。1994年启动，到2003年，完成5颗地球静止轨道卫星发射，为中国用户提供定位、授时、广域差分和短报文通信服务。第二步，建设北斗二号系统。至2012年，完成14颗卫星发射组网，增加无源定位体制，为亚太地区用户服务。第三步，建设北斗三号系统。根据计划，2020年实现为全球用户服务。

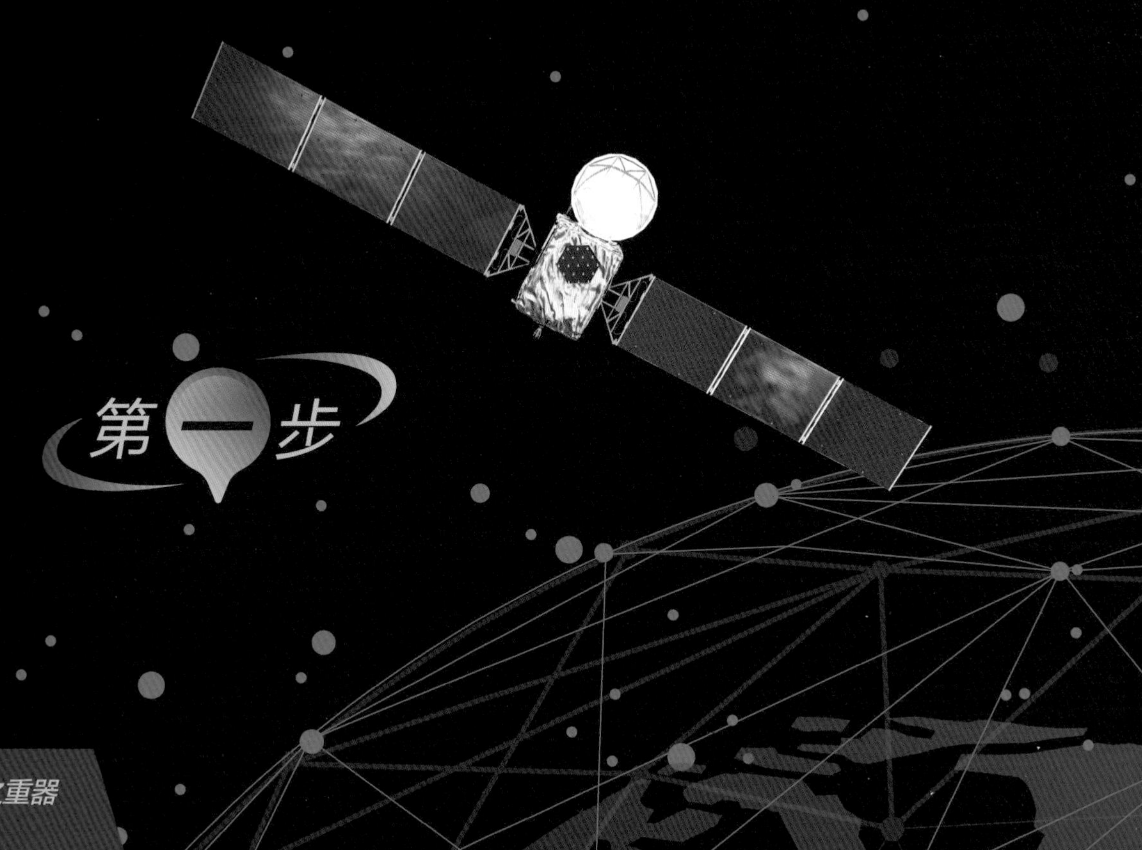

知识点

颇有寓意的北斗标志

北斗卫星导航系统的徽章主要由三部分组成：地球、司南、北斗七星。圆形以及下半部分的网格代表经纬交织的地球。网格上部是我国战国时代就开始使用的司南。最上面是中国古人在夜晚用来辨别方向的北斗七星。

1 北斗一号系统

从无到有

北斗卫星导航试验系统，也被称为北斗一号，是第一代试验系统。第一颗和第二颗北斗导航试验卫星于2000年发射成功，形成双星组合，使我国成为继美国和俄罗斯之后，第三个具有自主卫星导航系统的国家，打破了国外的技术垄断，推进了我国空间信息基础设施建设，促进了国防建设。

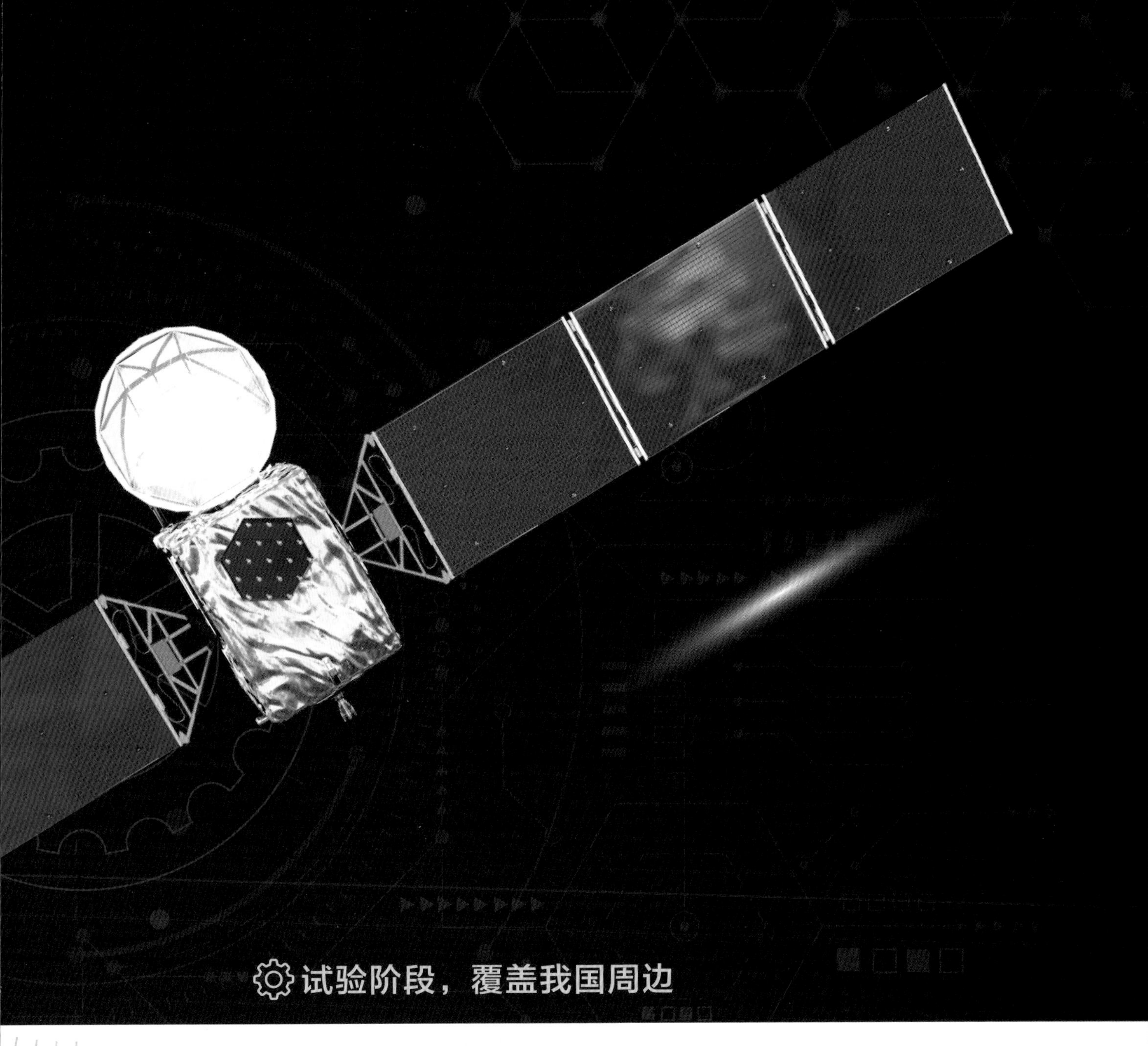

试验阶段，覆盖我国周边

北斗卫星导航试验系统使用的是有源定位，由两颗离地约36 000千米的地球同步卫星组成，地面由地面控制中心、用户终端组成，可以提供全天的即时定位服务，最高精度为20米。它标志着我国获得了快速、精准的定位技术，是我国在卫星导航技术领域的重大突破。

2 北斗二号系统

一箭双星

2012年4月30日，我国在西昌卫星发射中心用“长征三号乙”运载火箭一次性成功发射了两颗北斗导航卫星，它们是北斗卫星导航系统的第12、13颗组网卫星。它们的成功组网，大大提高了北斗卫星导航系统的导航定位精度。

覆盖亚太地区

北斗卫星导航系统的第二阶段是2012年建成了北斗二号系统，为亚太大部分地区的用户提供导航服务。北斗二号系统自运行至今，系统稳定，服务器从未中断，精度也越来越高，性能不亚于GPS。实现了为亚太用户提供全天候实时定位、短报文通信、精密授时等服务。

中国航天
CZ-3B

3 北斗三号系统

高强本领

北斗三号系统由24颗中圆地球轨道卫星、3颗地球静止轨道卫星和3颗倾斜地球同步轨道卫星组成，向全球用户提供精准的定位、测速、授时等服务。它的成功组建，标志着中国北斗卫星导航系统从区域走向了全球，也标志着我国在卫星导航领域达到了世界领先水平。

覆盖全球的导航系统

2009年，我国开始建设北斗三号系统。2020年年底前完成30颗卫星发射组网，届时北斗三号系统将全面建设完成。它采用有源和无源两种技术服务体制，为全球用户提供基本导航、全球短报文通信、精密单点定位、星基增强等服务，打破了GPS的垄断地位，使人类导航事业向前迈出了一大步。

第二节

北斗卫星导航系统的构成

北斗卫星导航系统由空间段、地面段和用户段三部分组成。空间段是由中圆地球轨道卫星、地球静止轨道卫星、倾斜地球同步轨道卫星等组成。地面段由主控站、注入站、监测站等地面站组成。用户段则包括各种能够兼容其他卫星导航系统的芯片、模块、天线等基础产品以及终端设备，比如手机和车载、机载、船载导航仪等。

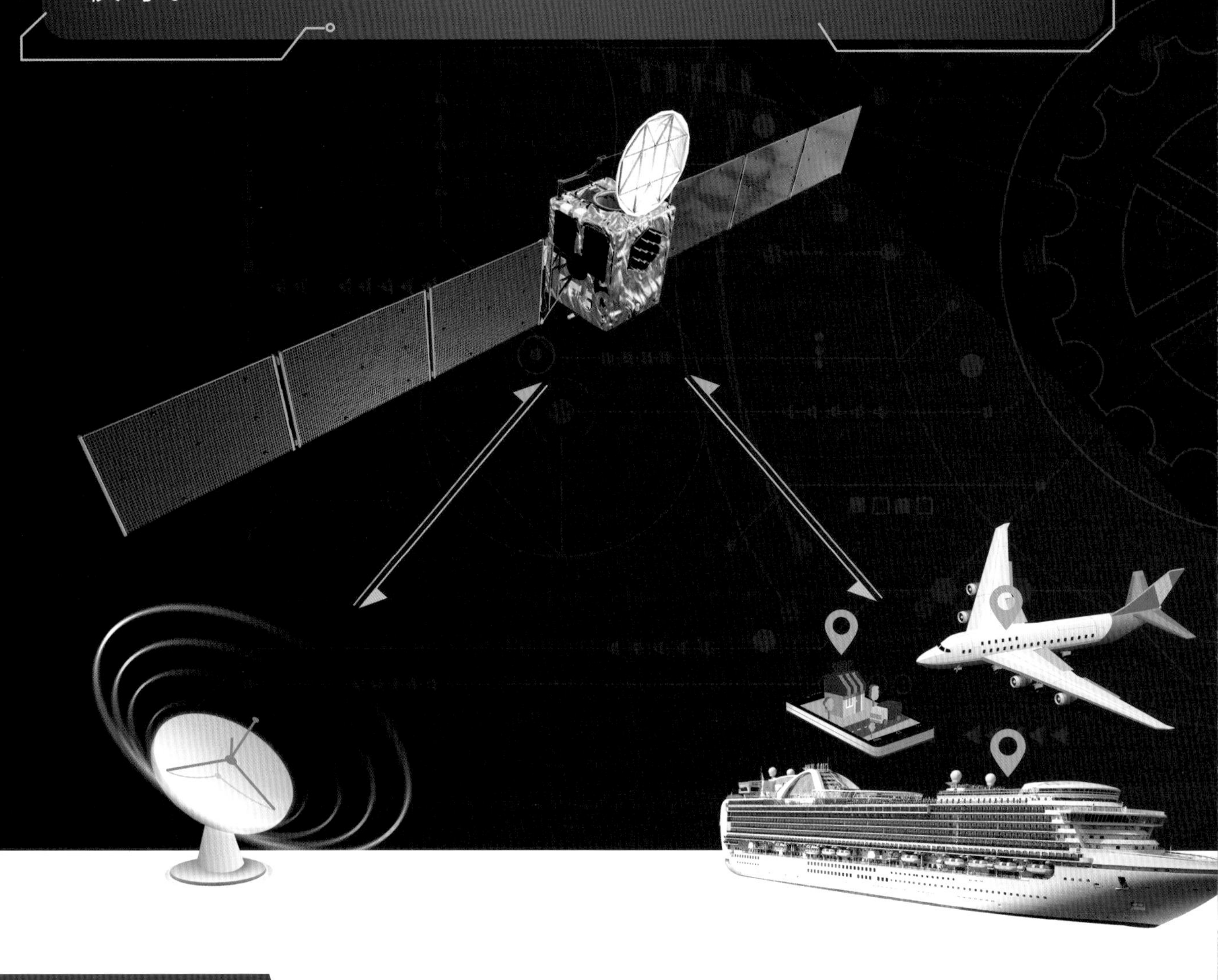

什么是原子钟

人们平时用的钟表，即便精度再高，每年也会有大约一分钟的误差。这对人们的日常生活没有影响，但对科研来说，就谬以千里了。根据美国科学家拉比和其学生在20世纪30年代对原子和原子核的研究——利用原子吸收和释放能量的电磁波来计算时间，20世纪50年代，出现了原子钟计时器，它的精确程度最高可达2000万年才有一秒误差。

原子钟的分类

1.铯原子钟。利用铯原子内部的电子在两个能级间跳跃时辐射出的电磁波为标准，来控制校准电子振荡器，控制时钟的计时。国际上普遍采用它的跃迁频率作为时间频率的标准，运用广泛。

2.氢原子钟。1960年由美国科学家拉姆齐研发，至今许多科学实验室和生产部门都在使用这种精密时钟——用氢原子的跃迁辐射电磁波来控制校准石英钟，广泛用于天文观测、火箭发射、潜艇导航等领域。

3.铷原子钟。使用玻璃室内的铷气，当周围的微波频率恰好合适时，会按光学铷频率改变其吸收率，以此来计时。属于一款高精度的原子钟。

艰难的研制

我国星载铷原子钟是由中科院武汉物理与数学研究所的研究员梅刚华率领的团队，经过20余年的攻关、千百次的试验和测试，在成功解决了铷原子钟的寿命、可靠性和卫星环境适应性等难题后研制出来的。他们研制的星载铷原子钟拥有自主知识产权，并处于世界领先水平。

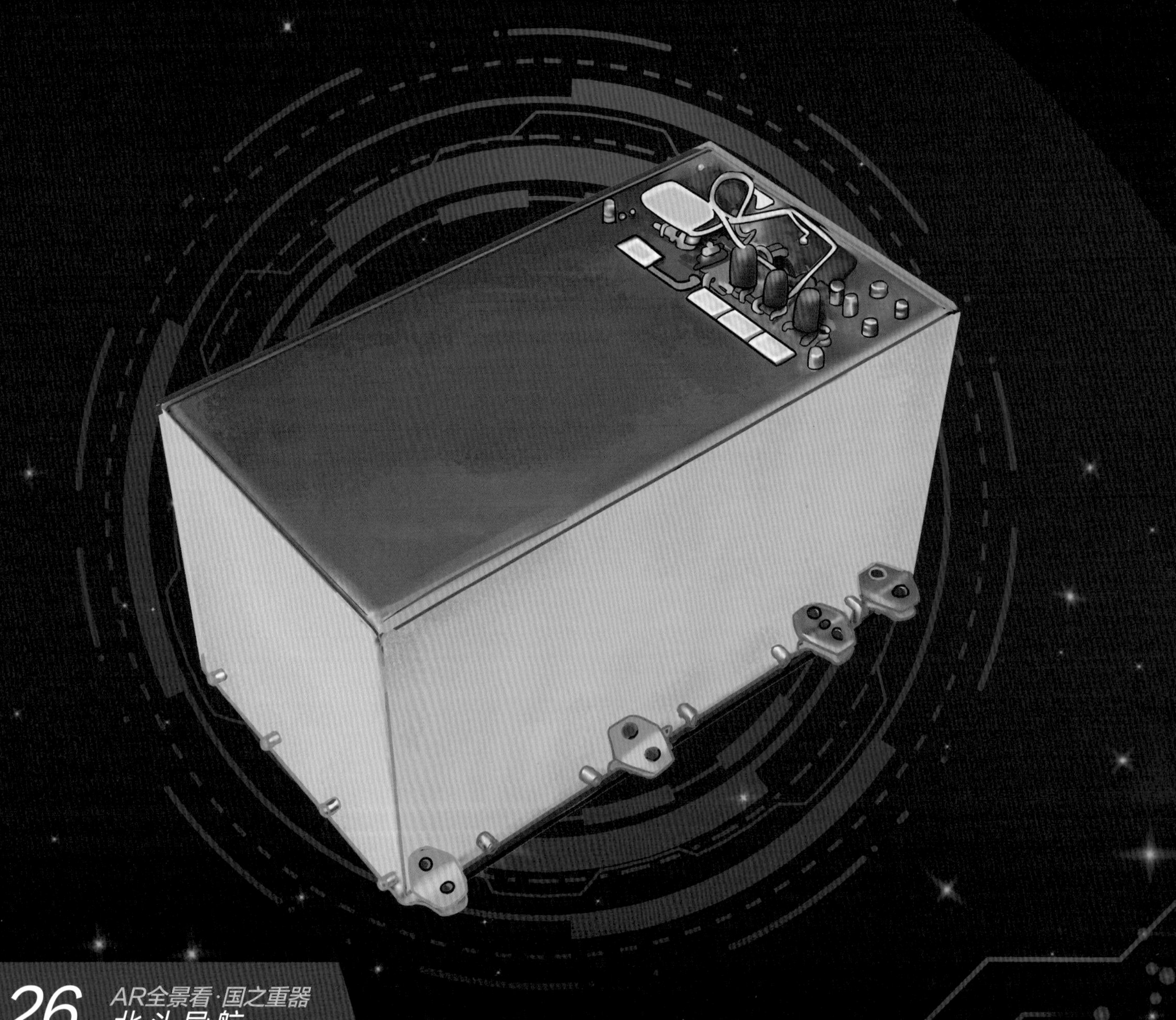

知识点

分米级的定位

铷原子钟是世界上应用最广泛的原子钟，授时精度可达到百亿分之三秒，已经用于北斗三号系统，可提供分米级定位。铷原子钟的体积很小，而且成本低，还能适应各种环境。航天科工203所研发的超薄铷原子钟，尺寸达到76毫米×76毫米×17毫米，是世界上最薄、最小、最可靠的铷原子钟。它在高强度的振动下，仍能保持正常运行。

“北斗”有了“中国芯”

新一代北斗卫星导航系统大量使用国产部件，并使用中国制造的“中国芯”中央处理器（CPU）。北斗芯片是一种能够与相关设备组合、接收北斗卫星发射信号、完成定位导航功能的芯片。它主要由射频芯片、基带芯片、微处理器的芯片组组成。

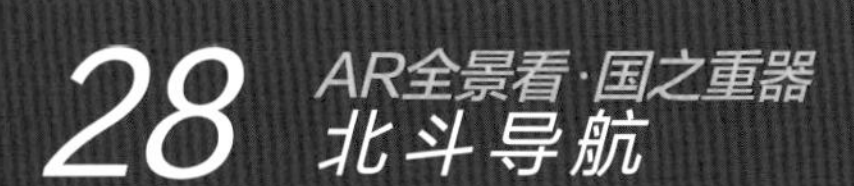

系统总指挥

北斗芯片能够接收北斗卫星信号，如果没有北斗芯片，北斗卫星发送的信号就无法被接收，北斗卫星也就失去了存在的意义。只有足够多的北斗芯片运用在各个产业环节里，才能体现出北斗卫星导航系统的价值。

小身材大能量

第三代北斗芯片的尺寸只有5毫米x5毫米，却能够在无须地面基站增强的情况下实现亚米级的定位精度，实现芯片级安全加密。将来，这种芯片将会被广泛应用于车辆管理、汽车导航、可穿戴设备、精准农业、无人驾驶、智能物流等多个领域。

3 神奇的路——星间链路

星间链路就像卫星与卫星之间连接了一条通路。通过星间链路可以将很多卫星连接在一起，形成一个卫星空间通信网络。它有星间通信、数据传输、星间测距和星间测控等功能。有了它，就能够扩大系统的覆盖范围，减少传输延时，还可以独立组网，不用再依赖地面提供通信服务；还可以解决地面蜂窝网的漫游问题。北斗三号系统便配置了星间链路。

什么是星间链路

星间链路是卫星之间通信的链路，也称为星际链路或交叉链路，也就是卫星之间通过电磁波实现信息共享、数据传输和测距的无线链路。

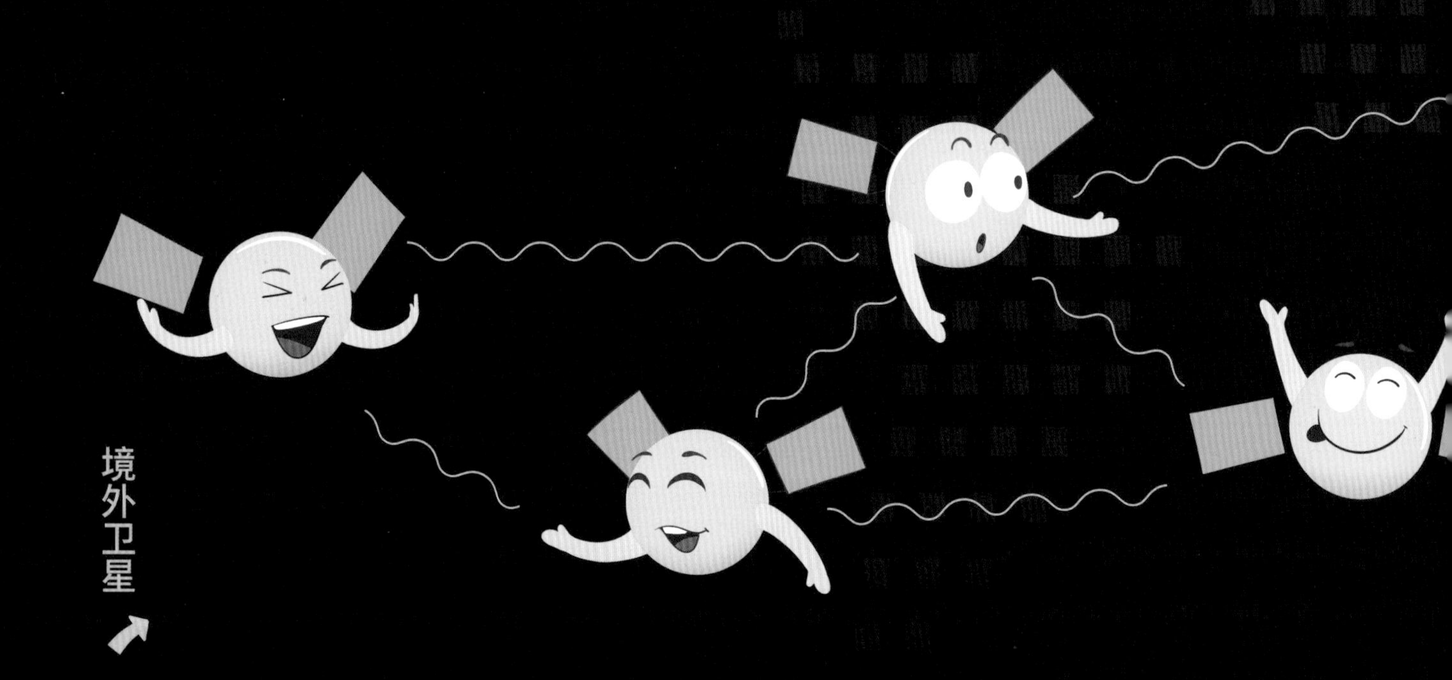

境外卫星 ↗

星间链路的原理

星间链路的原理是在卫星之间建立星际通信链路，每颗卫星都能成为空间网的一个节点，这样通信信号就不用依赖于地面通信网络来进行传输了，从而提高了传输效率，增强了系统的独立性。一般星间链路由接收机、发射机、捕获跟踪子系统及天线子系统组成。

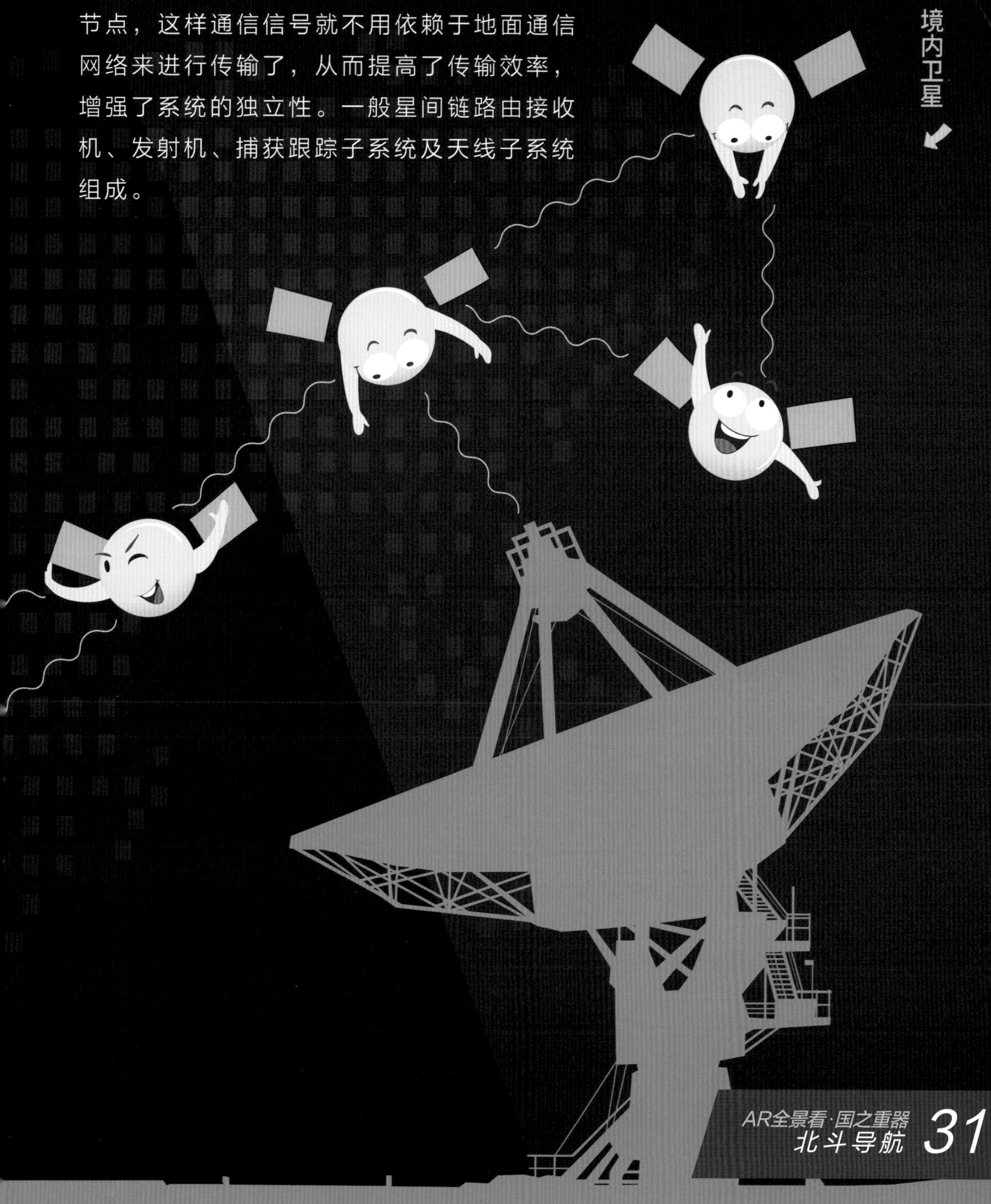

境内卫星

第三节

北斗卫星导航系统的广泛应用

北斗卫星导航系统已经被广泛应用于交通运输、海洋渔业、水文监测、气象预报、地理测绘、森林防火、实时通信、电力调度、抢险救灾、应急搜救等领域，深入人类生活的各个方面。

1 交通运输的大脑

交通运输是北斗卫星导航系统里应用最为广泛的领域，利用卫星导航，能为交通工具提供监管、导航、定位、通信、授时、短报文服务，因而能及时对车辆进行监督管理，了解车辆的行驶状态和位置，控制、调度车辆。在海运方面，能够为船舶运输提供有效且准确的导航信息，并预告险情，避免危险。

2 预警抗灾的好帮手

北斗卫星导航系统时刻在为我们保驾护航。防灾预警、减灾救灾等都离不开它高效、准确的服务。

防灾预警

天气变化万千，规律难寻，特别是雨、雪、风暴等会给人类带来巨大的灾难。有了北斗卫星导航系统对气象变化的观测、分析、预测，就能提高天气的预警水平，提前做好预防，减少灾难的发生。

减灾救灾

遇到灾难发生时，需要快速确定灾难的位置，防止地面网络中断，而北斗卫星导航系统就有一个强大的功能：能够进行双向数据传输。北斗终端机除了能接收信号外，还允许用户发送短报文。如果车辆、渔船遇险，就可以用这个功能与外界联络，请求救援。2008年汶川大地震时，由于地面通信设备损坏，灾区内部无法与外部进行联络，最后是靠空降战士携带的北斗终端机发送短报文，才报告了灾区情况，使救援行动得以有效组织和进行。

3 农牧业自动化的排头兵

北斗卫星导航系统在农牧业方面应用广泛，能够实现农业全程自动化和精准助农；也能够实时监控畜牧业，即在放牧时了解每一头牲畜的位置、监测水草丰美区和危险地带、有效引导牲畜进食、防止牲畜丢失等。

精准助农

北斗卫星导航定位与液压控制、电子控制、传感技术相结合，就能实现农业自动化，还能进行精准助农、精确防治病虫害、自动灌溉、农业资源统计等。

北斗放牧

在每头牲畜身上加装北斗卫星导航系统的定位终端，建立唯一标识，能够有效解决牲畜丢失、混淆等问题。再加上无人机、摄像头等设备，可以进行无人放牧。根据北斗系统的数据，可以分析牲畜的健康状况，实现高效、智能、精准放牧。

4 百姓身边的安全员

北斗卫星导航系统还能为老百姓的食品安全起到追根溯源、保证质量等作用。比如“北斗菜”，每份蔬菜上都贴着二维码，用手机一扫，便可知道这些蔬菜来自于哪个农场、哪家公司、什么时候种植的，这些都是利用了北斗卫星导航系统提供的有效信息。这保障了蔬菜的质量，让大家吃得更安心。

5 海洋渔业的守护者

北斗卫星导航系统能够给渔船进行导航和定位，也能发现大规模鱼群并定位，使渔船有更好的收获；引导渔船避开险情；遇到紧急情况，还能进行有效的短报文沟通，提供准确救援信息。

6 工程建设的利器

北斗卫星导航系统在勘测、规划、设计等方面也发挥着极大的作用。比如三峡库区，通过对北斗卫星导航系统采集的数据进行监测，就能实现实时分析当地的气象、水文、地质状况，提前做好规划、采取措施。

7 便捷生活的促进者

北斗卫星导航系统的精准定位、信息双向传递等功能，极大地方便了人们的生活。比如共享单车，可以通过手机和北斗卫星导航系统，找到单车的位置、传递和反馈车辆的信息等，让出行更加便利。

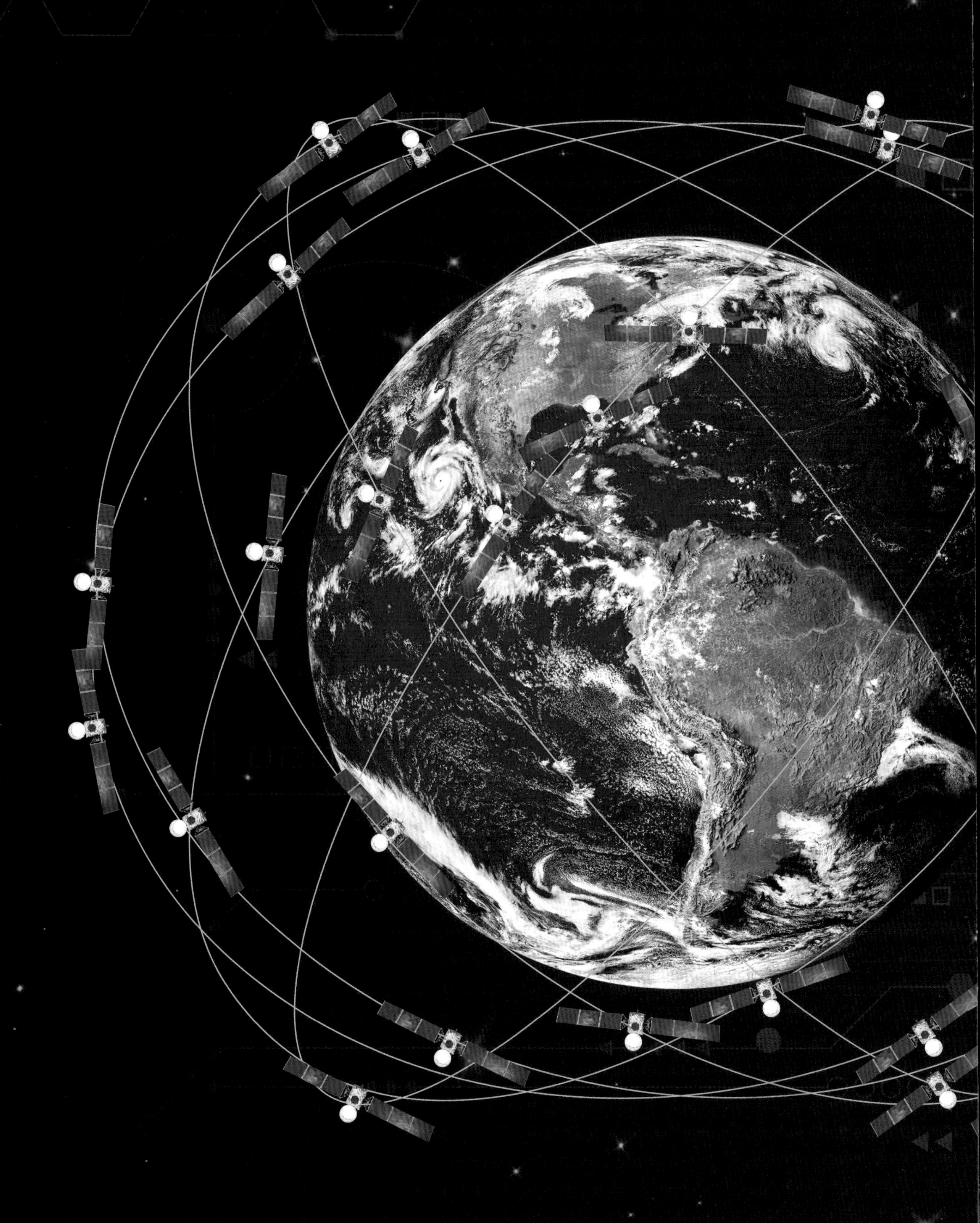

第四章 | 面向未来

从20世纪90年代起，中国卫星导航领域就开始了国际交流。三十年来，成果非凡。北斗卫星导航系统的进一步发展，坚持资源共享，全球合作，推动了全球卫星导航系统的兼容与合作。从国内，到面向亚太，到面向全球，让中国的北斗成为世界的北斗，为建立人类命运共同体发挥应有的作用。

未来，我国将以北斗卫星导航系统为核心，建立起天地一体（包括太空、地面、水下、室内）、覆盖无缝、安全可信、高效便捷的国家综合定位、导航和授时体系。这将使我国时空信息服务能力显著提升，在满足国家安全和国民经济需求的同时，为全球用户提供更为优质的服务。